D1857876

BUNTE KOSMOS TASCHEN FÜHRER

Hans-Heinrich Vogt

Teneriffa in Farbe

Reiseführer für Naturfreunde

Kosmos
Gesellschaft der Naturfreunde
Franckh'sche Verlagshandlung
Stuttgart

Umschlag von Edgar Dambacher unter Verwendung einer Aufnahme vom Verfasser
Das Bild zeigt den Pico del Teide, Teneriffas höchsten Vulkangipfel
Mit 49 Farbfotos vom Verfasser und 7 Farbzeichnungen von Klaus Meier

Das Werk ist in der ersten Auflage als Band 289 (I. Quartal 1976)
der Reihe Kosmos-Bibliothek, in der Franckh'schen Verlagshandlung, Stuttgart, erschienen

CIP-Kurztitelaufnahme der Deutschen Bibliothek

Vogt, Hans-Heinrich
Teneriffa in Farbe : Reiseführer f. Naturfreunde.
(Bunte Kosmos-Taschenführer)
ISBN 3-440-04283-9

Bild 1 (Seite 2). Gewaltige Felsmassive, „Los Roques", ragen in den Cañadas auf. Diese vom Wind geschliffene Nadel aus vulkanischen Schichten hat die Höhe eines mehrstöckigen Hauses. Im Hintergrund der Gipfel des Teide (3718 m). Siehe auch Bild 52.

2. Auflage / 85. – 92. Tausend
Franckh'sche Verlagshandlung, W. Keller & Co., Stuttgart/1976
Alle Rechte, insbesondere das Recht der Vervielfältigung, Verbreitung und Übersetzung, vorbehalten.
Kein Teil des Werkes darf in irgendeiner Form (durch Photokopie, Mikrofilm oder ein anderes Verfahren) ohne schriftliche Genehmigung des Verlages reproduziert oder unter Verwendung elektronischer Systeme verarbeitet, vervielfältigt oder verbreitet werden.
© 1976, Franckh'sche Verlagshandlung, W. Keller & Co., Stuttgart
LH 14 hö / ISBN 3-440-04283-9 / Printed in Germany / Imprimé en Allemagne
Gesamtherstellung: Konrad Triltsch, Graphischer Betrieb, 87 Würzburg

Teneriffa in Farbe

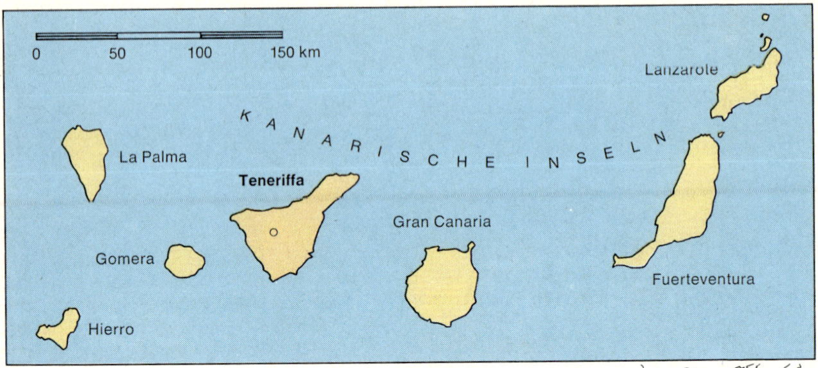

Ein kleiner Steckbrief Teneriffas

Zusammen mit Gran Canaria die bedeutendste Insel der Kanaren, einer Inselgruppe im Nordwesten Afrikas, rund 300 Kilometer vom Festland entfernt. Zu Spanien gehörig.

Größe Teneriffas: 2053 Quadratkilometer. Rund 530 000 Bewohner.

Die Insel hat die Form eines Dreiecks mit Seitenlängen von 85, 80 und 45 Kilometern.

Höchste Erhebung: Pico de Teide, ein fast erloschener Vulkan von 3718 Metern Höhe. Auch die ganze übrige Insel ist vulkanisch.

Bild 2. Ein kleiner Steckbrief Teneriffas.

Tips für Naturfreunde

Wer Teneriffa kennt, wird mir recht geben: Die Natur der Insel ist überwältigend. Freilich wollen wir objektiv bleiben und betonen, daß der Massentourismus nicht jedermanns Sache ist, und wer kilometerweiten weißen Sand zum Baden sucht, muß sich mit einigen wenigen Plätzchen begnügen. Aber darum geht es hier nicht. Ich möchte ganz „gezielt" die Naturfreunde ansprechen. Sie kommen bestimmt auf ihre Kosten. Wer die Insel genauer kennenlernen will, muß sich selbstverständlich einen guten Reiseführer kaufen; im Literaturanhang finden sich einige. Der knappe Text dieses Bändchens reicht lediglich für ein paar Tips, gewissermaßen zum Neugierigmachen. Und deshalb sind die folgenden Seiten auch keineswegs nur für Besucher Teneriffas geschrieben, sondern vor allem für Leser, die die „Insel der Glücklichen"

noch nicht kennen. Mit anderen Worten: Der Text soll auch den Daheimgebliebenen etwas bieten.
Angaben und mitunter erwähnte Preise beziehen sich auf 1975. Bei der regen Bautätigkeit an den Touristenzentren sind rasche Änderungen unvermeidlich, was ich zu bedenken bitte. Als „geistiges Standquartier“ habe ich Puerto de la Cruz angenommen. Einmal bietet die Stadt auch heute noch den meisten Urlaubern Unterkunft, und zum anderen sind Umgebung und Ausflugsmöglichkeiten hier am reizvollsten.
Wie kommt man nach Teneriffa? Am schnellsten und billigsten mit dem Charterflugzeug einer Reisegesellschaft. Linienmaschinen sind sehr viel teurer. Schiffsreisen dauern länger (Ausgangshäfen Cadiz oder Barcelona: 2 bis 4 Tage) und lohnen sich nur, wenn man das eigene Auto mitnehmen will. Dies wiederum ist für einen normalen Kurzurlaub nicht nötig, da man schon für 30 bis 40 DM pro Tag einen kleinen Leihwagen bekommt – und für das Geld der Schiffspassage können Sie auf diese Weise die ganze Insel „erforschen“!
Aber genug vom Organisatorischen!

Ein wenig Geschichte

Im Altertum hörte die Welt an den Säulen des Herkules auf. Wer vom Mittelmeer aus durch die Straße von Gibraltar fuhr, begab sich in fremde Gewässer. Abenteurer hat es aber immer gegeben, und so berichteten schon damals wagemutige Seefahrer von Inseln mit milden Lüften, Feuchtigkeit zu allen Jahreszeiten und üppiger Vegetation. Sie nannten sie die „insulae fortunatae“, die glückseligen Inseln. Man darf annehmen, daß Teneriffa und Gran Canaria damit gemeint waren. Später besuchten die Römer die fernen Gestade und sollen Anlaß für den heutigen Namen des ganzen Archipels gegeben haben: „insulae canariae“, Hundeinseln – wegen der vielen wilden Hunde, die hier lebten. Und damit waren die Kanarischen Inseln getauft.
Mit dem Untergang des römischen Weltreichs verlor sich auch die Kunde von den einsamen Riffen im Atlantik. Jahrhundertelang kannte niemand in Europa Teneriffa oder Gran Canaria. Erst im Mittelalter legten dort Portugiesen, Genuesen und Spanier hin und wieder an, ohne jedoch besonderes Interesse an dem Land zu zeigen. Schließlich eroberten die Spanier 1490 die Insel Gran Canaria, und mit der Entdeckung Amerikas erlangten die Stützpunkte mit einem Mal erhebliche Bedeutung als Zwischenstationen für die Reisen in die Neue Welt. 1494 landeten die Spanier auf Teneriffa – und mußten zu ihrer Überraschung feststellen, daß sie bei den Ureinwohnern, den Guanchen, auf heftigen Widerstand stießen! Ja, sie verloren so-

gar in einer Schlacht über 800 Mann und waren gezwungen, zunächst die Insel wieder zu räumen.

Der Bus, der den Touristen vom Flugplatz „Los Rodeos“ bei La Laguna nach Puerto de la Cruz bringt, kommt auf halbem Weg an der Ortschaft La Matanza vorbei. La Matanza bedeutet „das Gemetzel“. Hier erlitten die Spanier im Mai 1494 ihre Niederlage. Doch es dauerte nicht lange, bis die Guanchen endgültig die Waffen strecken mußten. Am Weihnachtstag 1494 ereilte sie ihr Schicksal. La Victoria, „der Sieg“, heißt der Ort, und der Bus braucht nur wenige Minuten, um von La Matanza nach La Victoria zu kommen . . .

Was waren das für Menschen, diese Guanchen? Es ist beschämend, sagen zu müssen, daß wir kaum etwas von ihnen wissen. Die Spanier beeilten sich, sie auszurotten, und was uns geblieben ist, beherbergt das kleine, aber sehenswerte Archäologische Museum in Santa Cruz. Ihre Herkunft ist ungewiß. Sie werden als groß und kräftig geschildert, vielleicht mit einer Mischung aus berberischen, negroiden und semitischen Zügen. Das Hirtenvolk mit seinen Ziegen, Schweinen und Schafen lebte auf Steinzeitniveau. Äxte aus Basalt, Obsidiansplitter als Schaber, Knochengeräte und Holzlanzen wurden gefunden. Unbekannt waren Töpferscheibe, Metalle und Häuser. Man wohnte in Höhlen, von denen es so viele auf Teneriffa gibt. Die Toten wurden nicht begraben, sondern an Luft und Sonne mumifiziert und in besonderen Höhlen beigesetzt.

Schon bald nach 1500 gab es keine Guanchen mehr auf Teneriffa. Die Spanier schickten sich an, die Kanarischen Inseln zu „zivilisieren“. Für den Überseehandel erlangte der Hafen Santa Cruz (Bild 45) immer größere Bedeutung, und auch Orotava im fruchtbaren Tal oberhalb von Puerto de la Cruz entwickelte sich zu einem beachtlichen Zentrum. Klimatisch begünstigt, wird das Orotava-Tal alsbald zum ersten Zuckerrohrgebiet Spaniens. Spezielle „Zuckermeister“ aus dem portugiesischen Madeira bringen diesen Zweig der Landwirtschaft zu hoher Blüte. Aber Amerika kann bald billiger liefern. So tritt der Wein an die Stelle des Zuckerrohrs. Kanariensekt steht bei Hofe in besonders gutem Ruf, und selbst Shakespeare lobt seine Güte. Aber wie das Zuckerrohr, so macht auch der Wein nur Zwischenstation auf Teneriffa. Er „reist“ weiter nach Mexiko, nach Chile – und an seine Stelle tritt ein landwirtschaftliches Produkt, das bei uns kaum jemand kennt: die Cochenille-Laus! Feigenkakteen (Opuntien) werden eingeführt, und darauf entwickelt sich in Massen jene Laus, deren prächtig roter Farbstoff ein begehrter Handelsartikel wird, bevor die Chemie in ihren Retorten noch besseres Rot synthetisiert. Noch heute sieht man hier und da auf Teneriffa die großen Flächen der Opuntien dicht besetzt mit Läusen *(Coccus cacti)*, die meist unter einem weißen Überzug fast nicht zu sehen sind (Bild 3). Die meisten Touristen gehen achtlos daran vorbei. Zerdrückt man ein Tier, so überzeugt einen der dunkelrote Fleck von der Farbkraft der Cochenille.

Bild 3. Feigenkakteen (Opuntien) sind häufig von Cochenille-Läusen (Coccus cacti) besiedelt. Die weißen Überzüge verdecken die Tiere teilweise. Im vorigen Jahrhundert war die Nutzung der Läuse zur Gewinnung des roten Farbstoffes Cochenille eine Haupteinnahmequelle der Bewohner Teneriffas.

Als die Chemie der Massenproduktion von „Läusefarbe“ ein Ende setzte, begann die Kultivierung der Banane. Heute ist das Orotava-Tal eine einzige riesige Bananenplantage, die bis über 300 Meter Meereshöhe hinaufreicht. Die Anlage erfordert erhebliches Kapital. Wo nicht genügend gutes Erdreich vorhanden ist, muß geeigneter Boden herangeschafft werden, Steinwände dienen als Windschutz, denn die Bananenblätter sind großflächig und recht empfindlich. Bewässerung ist nötig.
Die auf Teneriffa geernteten Bananen sind kleiner als die bei uns üblichen, aber auch viel süßer. Sie sind der Hauptexportartikel. Wirtschaftliche Bedeutung haben auch die Tomaten und die Kartoffeln, die man hier bis zu dreimal im Jahr erntet. Sie vertragen mehr Trockenheit als die Bananen – und damit sind wir beim Klima der Insel.

Bild 4. Wir blicken vom Gipfel des Teide auf die weißen Passatwolken, die sich in einer Höhe von 1200 bis 1800 Metern an den Nordhängen regelmäßig ausbilden. Im Mittelgrund links ist dunkel noch der Rand der Cañadas zu sehen. Im Hintergrund das Meer.

Das Klima, das wir uns wünschen

Wer sich gegen Mittag der Insel Teneriffa mit dem Flugzeug nähert oder in der Höhe der Cañadas oder gar vom Teide hinunterschaut, wird sehr häufig eine Wolkenschicht an den Abhängen des Gebirgsmassivs beobachten. „Schlechtes Wetter“, denkt man dann unwillkürlich und erinnert sich an den trüben Himmel im fernen

Deutschland. Die Diagnose stimmt aber nur in den seltensten Fällen. Was da so bedrohlich aussieht, ist nichts anderes als die Wolkenschicht, die die nordöstlichen Passatwinde regelmäßig an die Höhenstufen von 1200 bis 1800 Meter „zaubern" (Bild 4). Sie können zwar den Badelustigen in Puerto de la Cruz, Bajamar oder Santa Cruz die mittägliche Sonne entziehen, aber Regen bringen sie nur selten, und gegen Abend klart der Himmel auch wieder auf. Trotzdem sind diese Passatwolken, die besonders im Norden und Nordosten auftreten, von größter Wichtigkeit. Sie tragen nämlich in Form von Nebel und Tau die Feuchtigkeit, von der allein das Leben auf Teneriffa abhängt. Der vulkanische Grund birgt keine großen Süßwasservorräte. Was da in die Badewanne des Hotels in Puerto de la Cruz plätschert, ist die

Feuchtigkeit, die der neblige Esperanza-Wald auf der Höhe den Wolken abgenommen hat (Bild 22).
Das sollte der Tourist bedenken. Noch reichen die Wasservorräte auf der Insel aus, aber jedes neue Urlaubszentrum verringert diesen natürlichen Schatz, und es könnte möglich sein, daß eine weitere Erschließung Teneriffas von der Wasserversorgung abhängt.
Die Passatwinde, die sich im Norden und Nordosten stauen, bedingen einen fundamentalen Gegensatz zwischen dem Nord- und dem Südteil der Insel. Es ist kein Zufall, daß die wichtigsten Orte wie Santa Cruz, La Laguna, Orotava und Puerto de la Cruz ausnahmslos im Norden zu finden sind. Hier bringen die Wolken Feuchtigkeit

Bild 5. An manchen Stellen stoßen alte Lavaströme unmittelbar ins Meer vor. Das Bild zeigt die Küste bei Puerto de Santiago. Im Hintergrund links die Silhouette der Nachbarinsel Gomera. Man beachte den schwarzen Sand im Vordergrund!

und Kühlung. Das Anlegen von Bewässerungskanälen stößt auf keine unüberwindlichen Schwierigkeiten. So kann man die Banane im Orotava-Tal ohne Schwierigkeiten anbauen. Der Süden zeigt ein ganz anderes Bild. Schon die Hochflächen der Cañadas sind sehr trocken, da bis in Höhen über 2000 Meter die Wolken nur selten hinaufreichen und auch der vulkanische Untergrund wasserdurchlässig ist. Trostlos erscheint dann auch der ganze Südabhang, der unter wolkenlosem Himmel der Sonne ausgesetzt ist. Hier kann sich Bewässerung erst langsam durchsetzen, so daß trockenresistentere Pflanzen wie Tomaten, Kartoffeln oder Getreide angebaut werden müssen. Mitunter sieht man wüstengewohnte Kamele den Pflug ziehen, und der Bauer deckt seine kleinen Feldflächen oft mit vulkanischem Bimssteinschotter ab, um zu starke Verdunstung zu verhindern.

Die geschilderten Klimagegensätze bringen es mit sich, daß der Urlauber zwischen zwei Extremen wählen kann. Wer sonnenhungrig und badefreudig gen Teneriffa fliegt, für den ist der Süden das Richtige. In den letzten Jahren haben die Touristikmanager diesem Trend Rechnung getragen und eine große Zahl von neuen Zentren aus dem Boden gestampft: Playa de Santiago (bei Puerto de Santiago), Playa de las Americas, Los Cristianos, Ten-Bel, El Medano und andere. Weißen Sand entdeckt man freilich nur an wenigen Stellen; allenfalls findet der Urlauber einen pechschwarzen Sand vor, der aus vulkanischem Grundmaterial besteht und an den man sich erst gewöhnen muß (Bild 5). Er ist aber absolut „farbecht“ und schmutzt überhaupt nicht. Felsstrand überwiegt ganz allgemein, und oft wälzen sich alte Lavaströme unmittelbar ins Meer (Bild 5).

Bild 6. Zur Geologie der Insel Teneriffa.

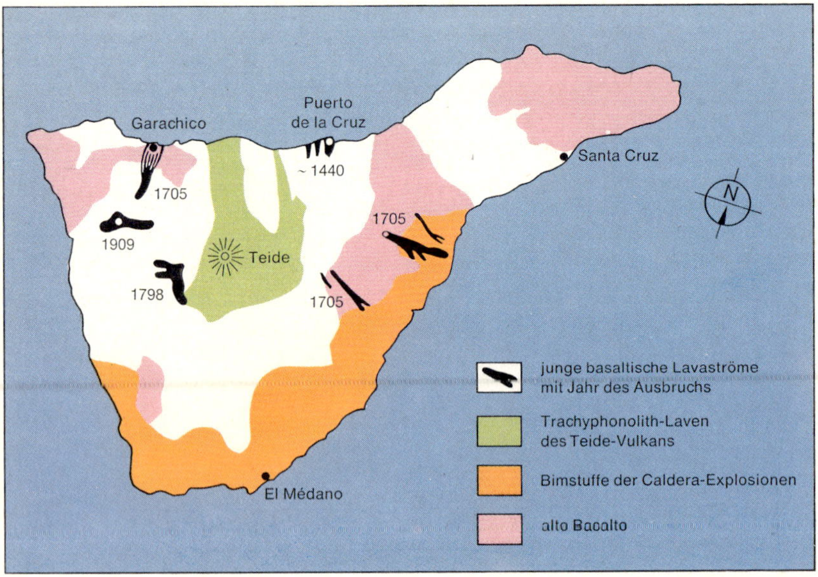

Wenn von Klimagegensätzen die Rede ist, so sollte aber doch gesagt werden, daß es hinsichtlich der Temperatur an den Küsten Teneriffas keinerlei Extreme gibt, wie wir sie von unserem deutschen Gebiet gewohnt sind. Nicht umsonst ist der Winter die Hauptreisezeit für die Besucher der Insel. Ein Ausläufer des Golfstroms versorgt den Strand mit so warmem Wasser, daß auch im Januar und Februar das Baden im Meer durchaus üblich ist. Man kann im Durchschnitt mit 18 Grad Luft- und 19 Grad Wassertemperatur rechnen. Das sind in Deutschland die Mittelwerte für Juli! Die ausgleichende Wirkung des Ozeans macht sich aber auch im Sommer bemerkbar. Selbst im Juli und August steigt die Durchschnittstemperatur der Luft kaum über 23 Grad, die des Wassers kaum über 24 Grad. Fazit: Urlaubswetter das ganze Jahr über.
Diese Angaben beziehen sich allerdings nur auf die Küstengebiete. Die hochgelegenen Gebirgsländer weisen natürlich stärkere Temperaturgegensätze auf. Ein Besuch der Cañadas erfrischt daher jeden, der sich längere Zeit am Meer aufgehalten hat.
Wer bereit ist, ein paar Stunden Passatwolken in Kauf zu nehmen, der sollte sich im Nordteil Teneriffas niederlassen. In Puerto de la Cruz tauscht er dafür nicht nur den Trubel einer touristenhungrigen Hotelstadt ein, sondern auch die Zauberwelt gepflegter Gärten und exotenreicher Parks. Bevor wir aber auf die Pflanzenwelt Teneriffas zu sprechen kommen, wollen wir einen kurzen Blick auf die Geologie der Insel werfen (Bild 6).

Vulkanismus, wie er im Buche steht . . .

Alle Gesteine Teneriffas sind vulkanisch. Von der Brandungszone hinauf bis zum Gipfel des Teide – überall Material, das aus den Tiefen der Erde aufgequollen ist. Wann die Natur dieses grandiose Schauspiel bot, läßt sich nicht genau feststellen. Wahrscheinlich begann die Erschaffung des Kanarischen Archipels bereits vor dem Tertiär und setzte sich bis in die neueste Zeit hinein fort. Teneriffa hat wohl niemals eine Verbindung zum afrikanischen Festland besessen. Allenfalls könnte man dies noch für die weiter östlich gelegenen Inseln Fuerteventura und Lanzarote konstruieren. Die Legende vom versunkenen Atlantis ist jedoch hier sicherlich nicht zutreffend.
Man kann alle Erscheinungsformen des Vulkanismus auf dem Gebiet Teneriffas studieren (Bild 7). Wir werden darauf noch näher eingehen. Am eindrucksvollsten sind die gewaltigen Lavaströme, die sich als dunkle Bänder an den Flanken des Teide abheben und oft von den Straßen gekreuzt werden (Bild 8). Auch die unvermittelt aufragenden Lava- und Aschenkegel – wie etwa der Fasnia-Vulkan (Bild 49) – erregen immer wieder Aufsehen. Ältere vulkanische Bedeckungen bilden weithin

Bild 7 (links oben). Harte und weiche, helle und dunkle Lava- und Bimssteinschichten lagern hier übereinander und zeugen von sehr unterschiedlichen vulkanischen Ausbrüchen.
Bild 8 (links unten). Bei Kilometer 30 der Höhenstraße La Laguna – Cañadas hat man diesen herrlichen Blick auf den schneebedeckten Gipfel des Teide um die Weihnachtszeit. Auf halber Höhe erkennt man die dunklen Lavabänder, die sich an den Flanken abwärts ziehen. Im Mittelgrund liegen viele kleine erloschene Krater. Der karge Vulkanschutt wird in dieser Höhe lediglich vom Kanarischen Ginster besiedelt: Malpais-Flächen.
Bild 9 (oben). Der dunkle, glasige Obsidian neigt zu muscheligem Bruch und wurde früher zur Herstellung scharfkantiger Werkzeuge verwendet.

die „Malpais“-Flächen, „schlechtes Land“, meist nur bewachsen von Gestrüpp und Gräsern. Besonderes Interesse verdienen diejenigen Lava- und Aschenmassen, die beim Wegebau angeschnitten wurden. Dort zeigt sich dann oft die ganze Vielfalt an geologischer Beschaffenheit und Farbenreichtum (Bild 46).
Welche vulkanischen Gesteine lassen sich auf einer Fahrt durch die Insel leicht unterscheiden? Da ist zunächst der blauschwarze, harte Basalt, der meist amorph ausgebildet ist, gelegentlich aber auch in den typischen, kantigen Säulen erstarrt, die man ja auch von deutschen Basaltlagern her kennt. Sehr variabel erscheint der Trachyt, meist hell gefärbt und mit rauher Oberfläche. Die Übergänge zum schaumigen Bimsstein sind fließend. Ebenfalls hell gefärbt erscheint der Phonolith, der „Klingstein“: Schlägt man zwei Brocken zusammen, so ist der Klang metallisch. Der Bruch zeigt stets Fettglanz. Auffallend – vor allem in den Cañadas – ist auch der dunkle,

Bild 10. Ein typischer Barranco, der Barranco de la Arena am „Bananenweg“. Die von der Erosion geschaffenen Schluchten reißen die vulkanischen Bergflanken tief auf. Der rechte Hang trägt natürliche Vegetation (Tabaiba, Lavendel), der linke Hang ist terrassiert und zur Bananenplantage umgewandelt.

glasige Obsidian, ein Material, das sich wegen seines muscheligen Bruchs für die Werkzeuge der steinzeitlichen Guanchen besonders gut eignete (Bild 9).

Die Erosion hat in die vulkanischen Massen tiefe Rinnen gefressen, und jeder Besucher der Insel „erfährt“ bald – im wahrsten Sinn des Wortes – die Folgen hiervon: Die Straßen schlängeln sich oft in abenteuerlichen Windungen an den tiefen Schluchten entlang, die man auf Teneriffa die „Barrancos“ nennt (Bild 10). Sie haben die verkehrsmäßige Erschließung der Insel lange Zeit behindert, und erst die modernen Autobahnen überbrücken die Einschnitte (Süd-Autobahn zwischen Santa Cruz und Los Cristianos; Nord-Autobahn zwischen Santa Cruz und Orotava).

Ist der Vulkanismus auf Teneriffa erloschen? Es wäre vermessen, diese Frage einfach zu bejahen. Zwei Gründe sprechen dagegen. Einmal wird jeder, der den Gipfel des Teide ersteigt, im innersten Krater noch heißen Boden fühlen und das Zischen von Wasserdampf in Spalten hören können. Zum anderen sind die letzten Ausbrüche, aus geologischer Perspektive gesehen, erst kürzlich erfolgt. 1909 blieb der Lava-

Bild 11. Vom Abhang des Teide (aus etwa 3600 Meter Höhe) blickt man auf den gewaltigen Kesselrand der Cañadas hinunter, der selbst über 2300 Meter hoch auftragt! Der Einbruchsrand der alten Caldera ist deutlich zu erkennen. Im Hintergrund die Passatwolkenschicht und das Meer.

strom des Chinyero erst wenige Kilometer vor Santiago stehen, 1798 brach die Südwestflanke des Teide auf, und 1705 verschüttete ein Ausbruch den Hafen der Stadt Garachico (Bild 54).

Wir müssen demnach zumindest den heutigen Gipfel des Teide noch als tätigen Vulkan ansprechen. Er setzt sich als hellere Kappe von dem etwas dunkler gefärbten Stumpf ab. In erdgeschichtlicher Zeit muß sich aber offenbar ein noch weit interessanteres Schauspiel als der bloße Ausbruch eines Vulkans abgespielt haben. Davon zeugen heute noch die Cañadas. Mit diesem Namen bezeichnet man auf Teneriffa jene eigenartigen, in mehr als 2000 Meter Höhe gelegene Beckenlandschaft, die einen Durchmesser von rund 14 Kilometern aufweist und von markanten Randbergen begrenzt wird (Bild 11). Der Teide ragt inmitten dieser „Schüssel" auf, und von seinem Gipfel kann man die Cañadas am besten überschauen. Die Geologen stehen auf dem Standpunkt, daß die Randberge der Cañadas heute nur noch Reste eines Bergmassivs sind, das sich früher noch weit höher als der jetzige Teide auf-

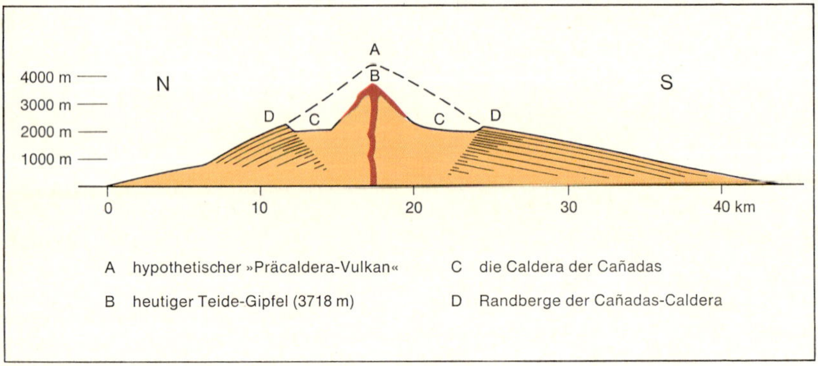

Bild 12. Schematisches Nord-Süd-Profil durch Teneriffa.

türmte. Später mag dieses Massiv in den Grund eingesunken sein, so daß nur die Begrenzungen übrigblieben. Fachlich gesprochen: Wir haben eine Caldera, einen vulkanisch gebildeten Kessel vor uns (Bild 12). Derartige Erscheinungen sind auch von anderen Stellen der Erde bekannt; man denke nur an den Ngorongoro-Krater.

Teneriffa – ein „Vegetationsmodell“

Nur an wenigen Stellen der Welt wird man auf so engem, geographisch begrenztem Raum ein so vollständiges Modell der Vegetationszonen unserer Erde vorfinden wie auf unserer Insel. Hier hat sich die Natur aber auch tatsächlich ein ideales Demonstrationsobjekt geschaffen: Das ausgeglichene, subtropisch-tropische Klima in den Niederungen ändert sich mit zunehmender Höhe und wird schließlich zum extremen Hochgebirgsklima auf dem Gipfel des Teide. Die Pflanzenwelt paßt sich diesem Wandel an.
Die isolierte Lage der Insel, fern vom afrikanischen Festland, hat es mit sich gebracht, daß Teneriffa eine große Zahl von Pflanzen besitzt, die nur hier vorkommen. Sie sind auf Teneriffa endemisch, wie der Botaniker sagt. Einige wollen wir kennenlernen. Andererseits hat die Gunst des Klimas die Spanier seit dem 16. Jahrhundert dazu „verführt“, exotische Gewächse aus allen Teilen der Erde hier einzubürgern. Meist ist dies ohne Schwierigkeiten gelungen, und so bietet vor allem die Umgebung von Puerto de la Cruz das Bild eines ungeheuren Botanischen Gartens, in dem einheimische und fremde Pflanzen sich ein Stelldichein geben. Werfen wir einen

Blick auf die Vegetationszonen mit ihren wichtigsten Charakterpflanzen. Man unterscheidet drei Abschnitte:

1. Der unterste Vegetationsgürtel zieht sich von der Meeresküste bis in Höhen von etwa 500 Metern hinauf. Im Norden beherrschen heute die Bananenplantagen das Bild, und wer von Santa Cruz nach Puerto de la Cruz fährt, dem öffnet sich bei der Ortschaft Santa Ursula ein überwältigender Blick auf das Orotava-Tal, dunkelgrün von Bananen (Bild 13). Als Alexander von Humboldt 1799 zum erstenmal an dieser Stelle stand und begeistert ausrief, er habe nie ein „so harmonisches Gemälde" vor sich gehabt, mag die Vegetation allerdings anders ausgesehen haben. Erst vor rund

Bild 13. Das Orotava-Tal von Osten gesehen (Blick vom Café Vista Paraiso bei Santa Ursula). Die Bananenplantagen werden von der Steilküste begrenzt, die buchtenreich nach Norden abfällt. Auf der Landzunge im Hintergrund die Hotelkomplexe von Puerto de la Cruz.

Bild 14 (links). Säulen-Euphorbien (Euphorbia canariensis), auch „Kandelaberkakteen“ genannt, ragen viele Meter in die Höhe und bilden als Sukkulenten einen Teil der endemischen Vegetation der untersten Trokkenzone.
Bild 15 (rechts oben). Tabaiba nennt der Spanier diese ansehnlichen Euphorbien-Sträucher (Euphorbia regis-jubae). Bei Verletzung tritt – wie bei den meisten Wolfsmilchgewächsen – ein giftiger weißer Saft aus.
Bild 16 (rechts unten). Ebenfalls nur von den Kanarischen Inseln bekannt: Verode (Senecio kleinia), ein Strauch mit oleanderartigen Blättern, zu den Korbblütlern gehörig. Aus den gelblichen Blüten entwickeln sich im Winter weiße Flocken von Samenhaaren, wie sie links im Bild zu sehen sind.

100 Jahren begann ja die Bananenzucht. Diese unter den Wolken gelegene Vegetationszone hat ein warmes, trockenes Klima, und so findet man hier vornehmlich Sukkulenten, Pflanzen, die Wasser zu speichern vermögen.

Auffällig ist die endemische Säulen-Euphorbie *(Euphorbia canariensis),* spanisch Cardon genannt (Bilder 14 und 36). Man möchte sie für einen Kaktus halten, doch der weiße, giftige Milchsaft führt uns auf die richtige Spur. Ebenfalls endemisch ist eine andere Euphorbie, die die Spanier Tabaiba nennen *(Euphorbia regis-jubae;* Bild 15). Sie kommt auf trockenen Hängen vor und hat einen weißen Milchsaft. Wer nicht genau hinschaut, kann Tabaiba mit Verode verwechseln, einer Pflanze, die zwar ähnlich aussieht, doch keinen Milchsaft hat und auch nach der Blütenform keine Euphorbie ist (Bild 16). Es handelt sich um die Composite *Senecio kleinia,* unserem Greiskraut verwandt. Im Winter fallen die voluminösen Flocken weißer Samenhaare auf, die ein wenig an die „Watte“ unserer Pappeln und Weiden erinnern (Bild 16).

Wer Cardon, Tabaiba und Verode kennt, hat bereits das „endemische Abc“ der untersten Vegetationszone im Blick. Freilich gibt es noch viele interessante Pflanzen, die man nur auf den Kanarischen Inseln antreffen kann. Lassen Sie mich noch einige Beispiele nennen. Da fallen jedem Wanderer in den Wintermonaten die üppigen weißen Blütenstände des Weißen Busch-Natterkopfes *(Echium giganteum)* auf (Bild 17). Die Büsche können bis zu zwei Meter hoch werden und sind für die Ba-

rrancos im nördlichen Teneriffa typisch. Nicht zu übersehen sind auch die wohl schönsten Palmen der Welt, die Kanarischen Dattelpalmen *(Phoenix canariensis;* Bild 18). Und als Kuriosum gilt von jeher der eigenartige Drachenbaum *(Dracaena draco),* ein Liliengewächs von 10 bis 15 Metern Höhe! Am bekanntesten ist der Drachenbaum in Icod, doch gibt es Hunderte von prächtigen Exemplaren auf der ganzen Insel (Bilder 19 und 20). Die Einwohner von Icod schwören darauf, daß ihr Baum einige tausend Jahre alt sei. Das ist allerdings schwer zu belegen, denn bei diesen Pflanzen fehlen Jahresringe, und so kann man keine exakten Aussagen machen. Interessant bleibt aber die Tatsache, daß bei Verletzungen ein zunächst weißes Harz austritt, das bald dunkelrot wird und dann wie geronnenes Blut aussieht. Dieses „Drachenblut" spielte in der Heilkunst der Guanchen eine große Rolle und wurde sogar noch zur Zeit der Spanier als Mittel gegen die Lepra gepriesen.

2. Zwischen 500 und 1500 Meter Meereshöhe erstreckt sich eine ganz andere Vegetationszone. Hier liegen die feuchten Passatwolken, und so treten die Sukkulenten zurück und weichen einer Pflanzenwelt, die kühleres Klima verträgt. Da die Bewölkung sich im Norden bildet, fehlt der Gürtel auf der Südseite Teneriffas. Wer jedoch von Puerto de la Cruz über Orotava hinauf in die Cañadas fährt, bemerkt den Übergang sofort: Die Bananenplantagen hören auf, Kartoffel- und Gemüsefelder treten an ihre Stelle, und schließlich umgibt uns ein Wald, der seltsam fremdartig anmutet. Zunächst weiß man nicht recht, worauf dieser fremdartige Eindruck beruht, denn

Bild 17 (links). Von Dezember bis Februar sind die prächtigen Blütenstände des Weißen Busch-Natterkopfes (Echium giganteum) eine Zierde der trockenen Hänge und Barrancos. Auf unserem Bild besucht ein Schmetterling, der Kanarische Admiral, diese begehrte Nahrungsquelle.

Bild 18 (oben). Die Kanarische Dattelpalme (Phoenix canariensis) trägt zwar große Fruchtstände, doch bleiben die Datteln klein und werden nicht genutzt. Dafür ziert ihr schöner Wuchs die Garten- und Parkanlagen.

Bild 19 (oben rechts). Der berühmte Drachenbaum (Dracaena draco) vor der Pfarrkirche von Icod gilt als schönstes Exemplar dieser endemischen Art. Wer möchte glauben, daß es sich um ein Liliengewächs handelt!

Bild 20 (rechts). Ein Blick in die Krone des Drachenbaums zeigt die vielfältigen Verzweigungen, die langen, spitzen Blätter und die Luftwurzeln an den Ästen.

Bild 21 (links). Eigenartig wirkt der Wald aus Baumheide (Erica arborea; mittlerer Bildteil) und Lorbeerbäumen (Laurus azorica; Vordergrund und rechts).

Bild 22 (unten). Die obere Waldgrenze behauptet die Kanarische Kiefer (Pinus canariensis). An ihren bis zu 30 Zentimeter langen Nadeln, die in Dreiergruppen an den Kurztrieben stehen, kondensiert der Nebel und dann blinken – wie auf unserem Bild – die Wassertröpfchen in den Strahlen der durchbrechenden Sonne.

Bild 23 (rechts). Die schön geschnitzten Balkone (hier in Orotava) sind aus dem dauerhaften, dunklen Holz der Kanarischen Kiefer gefertigt. Auf dem Dach hat sich die endemische Dachwurz (Aeonium urbicum) angesiedelt.

Bild 24 (rechts außen). In der Höhenzone über 2000 Meter bleibt die Landschaft kahl, falls die vulkanischen Schichten nicht – wie auf unserem Bild – vom Kanarischen Ginster (Spartocytisus nubigenus) belebt werden. Der vulkanologisch interessante Anschnitt, der hier gezeigt wird, befindet sich bei Kilometer 31,8 der Höhenstraße La Laguna – Cañadas.

Moose und Farne bilden wie bei uns das Unterholz, und die langen Bartflechten an den Bäumen deuten ja nur auf den häufigen Nebel hin. Doch dann kommt man schnell auf den Unterschied: Den Wald bilden hier riesige Lorbeerbäume *(Laurus azorica)* und Erikagewächse, die über 20 Meter hoch werden! Wenn diese Höhe auch selten erreicht wird, so ist die Baumheide *(Erica arborea)* doch ein charakteristischer Bestandteil des Nebelwaldes und kann mit ihren kleinen weißen Blüten in den ersten Monaten des Jahres die etwas düsteren Farben aufhellen (Bild 21).

3. Oberhalb 1500 Meter lockert sich der Wald auf. Eine neue Baumart gesellt sich hinzu, die Kanarische Kiefer. Ihr Reiz ist schwer zu beschreiben. In der Sonne wirken die bis zu 30 Zentimeter langen Nadeln seidig weich, und im Gegenlicht blinken daran oft die Tautropfen, die der Nebel gezaubert hat (Bild 22). Die Kanarische Kiefer *(Pinus canariensis)* liefert ein ausgezeichnetes, hartes Holz, das allmählich nachdunkelt. Man kann es an den schön geschnitzten Balkonen in Orotava oder Puerto de la Cruz sehen (Bild 23).

Am Rand der Cañadas endet der Wald, und die „Wüstenzone über den Wolken" breitet sich vor unseren Augen aus. Hier ist Niederschlag eine Seltenheit, und die Sonne beherrscht die Vegetation. Zu der schon vom Klima her gegebenen Trockenheit kommt noch der Umstand, daß die lockeren vulkanischen Massen (Bimsstein)

keine Feuchtigkeit halten können und daher Pflanzen kaum die Möglichkeit zur Ansiedlung geben. So wundert es nicht, daß die Vegetation in dieser höchstgelegenen Zone dürftig erscheint. In den Cañadas werden von jeher die spanischen Filme gedreht, die Wüsten oder gar Mondlandschaften als Kulissen brauchen! Starke Erwärmung am Tage und Abkühlung bis nahe an den Nullpunkt in der Nacht kennzeichnen das Klima in der Höhe über 2000 Meter. Im Winter liegt nicht selten Schnee am Hang des Teide. Dennoch gibt es eine Pflanze, die sich hier zäh behauptet: Der Kanarische Ginster *(Spartocytisus nubigenus),* von den Spaniern Retama genannt (Bilder 24 und 49). Die ansehnlichen Büsche bedecken sich im April und Mai mit einem Meer von weißen oder rosa Blüten – dann kommt Farbe in die Landschaft! Nirgendwo auf der Welt kann man diesen Ginster finden; nur auf Teneriffa und La Palma in Höhen zwischen 1800 und 2500 Metern.

Was sollten Sie sehen?

Eine schwierige Frage! Jeder Besucher kommt mit eigenen Wünschen und Vorstellungen nach Teneriffa. Lassen Sie mich daher einen „Ideal-Touristen" konstruieren, der bestimmte Eigenschaften haben soll, die dann in meinem Konzept berücksichtigt werden können. Fangen wir mit dem Extrem an: die folgenden Tips gelten sicherlich nicht für den Badeenthusiasten, der seinen Urlaub vom ersten bis zum letzten Tag im schwarzen Sand des Strandbades verbringt. Gewiß, er ist danach ein prächtig braungebranntes Beweisstück für sonnenreiche Ferien, aber er hat von der Insel nichts gesehen. Mein „Idealtourist" muß vielmehr ein gewisses Interesse für die Landschaft, die Geologie und Pflanzenwelt Teneriffas mitbringen. Dann sollen ihm die folgenden Tips helfen, seine 14 Tage oder drei Wochen gewinnbringend anzulegen.

Wie erobert man eine fremde Insel? Teneriffa ist touristisch gut erschlossen, und jede Reiseleitung veranstaltet eine große Zahl von Ausflügen, die tatsächlich zu den meisten lohnenswerten Zielen führen. Zu den meisten – nicht zu allen! Und daher kann der Anschluß an eine Busgesellschaft stets nur die Rosinen aus dem Kuchen picken, die gewissermaßen an der Oberfläche liegen. Nun möchte ich Sie aber auch zu etwas abgelegeneren und weniger bekannten Fleckchen führen, und da gibt es grundsätzlich drei Möglichkeiten. Die eine ist ein wenig umständlich, aber nützlich, wenn man mit Land und Leuten bekannt werden will: Man fährt mit den Überlandbussen, die die Einheimischen in die Stadt und wieder zurück aufs Dorf brin-

Bild 25 (rechts). Der berühmte Botanische Garten von Puerto de la Cruz birgt auf kleinstem Raum eine Fülle endemischer und importierter Pflanzen. Keinesfalls versäumen! Ein Spaziergang lohnt sich.

gen. Sie werden staunen, was für abgelegene Örtchen es auf Teneriffa gibt und auf welch waghalsigen Straßen man sie erreicht! Ein solcher Bus ist allein nähere Betrachtung wert, und nicht umsonst bekreuzigt sich mancher einheimische Benutzer, wenn er das Vehikel besteigt ... Der Busbahnhof wird zur Zeit im Zuge von Umbauten in der Altstadt von Puerto de la Cruz verlegt; man kann ihn bei der Hotelrezeption leicht erfragen.
Eine zweite Möglichkeit, die Insel kennenzulernen, ist die Benutzung eines Taxis. Das klingt nur für deutsche Ohren vermessen. Wer bei uns einen großen Wagen für einen halben Tag und 100 Kilometer Fahrtstrecke mieten wollte, müßte wohl tief in die Tasche greifen. Auf Teneriffa bekommen Sie den Spaß für etwa 40 DM, und wenn Sie den Preis auf vier Personen umlegen, so erscheint Taxifahren keineswegs als Luxus. Also nur Mut: Steuern Sie die Ziele Ihrer Wahl getrost an. Setzen Sie den Preis aber auf jeden Fall vor der Fahrt fest.
Die letzte Möglichkeit ist die eleganteste: Mieten Sie sich einen kleinen Leihwagen. Den Internationalen Führerschein stellt Ihnen Ihre Zulassungsstelle aus. „Rent a car" (Leihwagenfirmen) gibt es in Hülle und Fülle, und wenn Sie sich mit einem kleinen, wendigen „Seat 600" begnügen, zahlen Sie pro Tag nicht mehr als 30 DM – für vier Personen. Benzin ist relativ billig; den Wagen allerdings sollten Sie vor der Abfahrt auf Herz und Nieren prüfen. Sitzen Sie aber erst einmal am Lenkrad, dann steht Ihnen Teneriffa offen. Auch die entlegensten Winkel erreichen Sie mühelos, und Sie können anhalten, wann und wo Sie wollen.
Ich habe diesen Abschnitt absichtlich etwas ausführlicher gehalten, weil alle folgenden Tips von Ihrer Beweglichkeit abhängen. Wählen Sie nun ganz individuell aus, was Ihnen gefällt. Wir fangen sehr „einfach" an: Puerto de la Cruz und Umgebung. Sobald Sie die Nase ein wenig vors Hotel gesteckt, die Plaza, die Kirche, den Markt kennengelernt haben und an der Promenade bei San Telmo entlanggebummelt sind, sollten Sie neugieriger werden. Ich möchte Ihr Interesse gleich in „systematische" Bahnen lenken: Besuchen Sie als erstes den Botanischen Garten von Puerto de la Cruz (Bild 25). Sie bekommen dadurch einen Überblick über das, was Ihnen Teneriffa zu bieten hat.

Spaziergang zum Botanischen Garten von Puerto de la Cruz

Wie Bild 26 zeigt, nehmen wir als Ausgangspunkt für die Wanderung die Palmenallee am Ostende der Stadt an. Sie können natürlich auch mit dem Bus auf der Carretera Botanico zum Botanischen Garten fahren, aber der Spaziergang dorthin dauert nur 20 Minuten und ist recht reizvoll. Die Palmenallee (vom Strand beim Café Columbus landeinwärts) trägt den pompösen Namen Avenida de Aguilar y Quesada.

Bild 26 (rechts). Spaziergänge in Puerto de la Cruz. Skizze I.

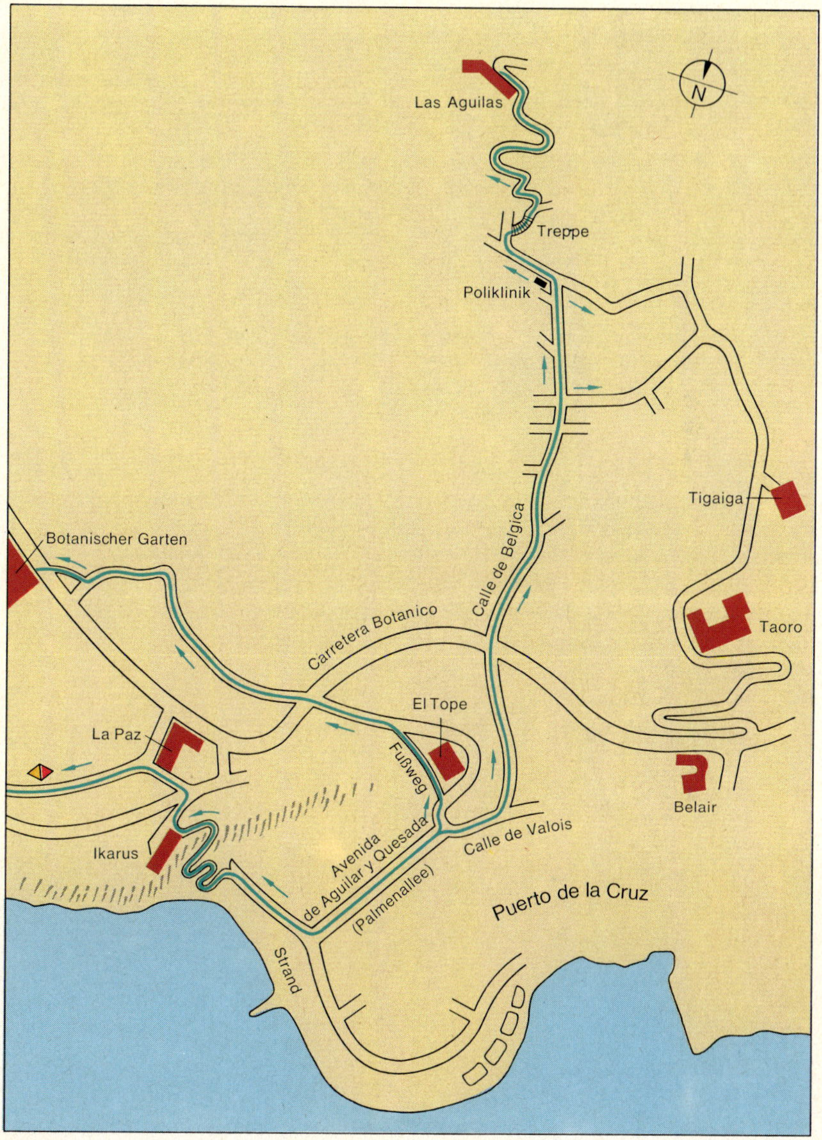
N
Las Aguilas
Treppe
Poliklinik
Tigaiga
Botanischer Garten
Calle de Belgica
Carretera Botanico
Taoro
El Tope
La Paz
Fußweg
Belair
Ikarus
Avenida
de Aguilar y Quesada
Calle de Valois
(Palmenallee)
Puerto de la Cruz
Strand

Bild 27 (links oben). Weihnachtssterne (Euphorbia pulcherrima) werden auf Teneriffa viele Meter hoch und wachsen sogar an Straßenrändern wild! In Gärten findet man auch gefüllte Varietäten.
Bild 28 (links unten). Kerzensträucher (Cassia didymobotrya) erfreuen uns das ganze Jahr über mit ihren üppigen gelben Blütenständen. Sie sind daher beliebte Gartenpflanzen auf Teneriffa.
Bild 29 (oben). Der Afrikanische Tulpenbaum (Spathodea campanulata) wird häufig als Alleebaum angepflanzt und überrascht durch seine großen, leuchtend roten Blütenglocken.

Wir folgen der Skizze über eine kleine Brücke, dann einen steinigen Fußweg an Häusern entlang steil aufwärts. Nach dem Überqueren der verkehrsreichen Carretera Botanico nimmt uns ein ruhiges Neubauviertel auf (Weg beschildert mit „Jardin Botanico“). Rechts und links an der Straße liegen gepflegte Gärten. Um die Jahreswende blühen hier ganze Büsche von Weihnachtssternen *(Euphorbia pulcherrima),* die man bei uns nur in Blumentöpfen sieht (Bild 27), ferner Kerzensträucher *(Cassia didymobotrya)* mit ihren leuchtend gelben Blütenständen (Bild 28) und viele andere Arten. Ohne Verkehrsbelästigung gelangt man unmittelbar zum Botanischen Garten. Die Straße davor ist gesäumt von mächtigen Afrikanischen Tulpenbäumen *(Spathodea campanulata),* auch Glockenblütenbäume genannt (Bild 29). Wir sind derartige Riesen mit leuchtend roten Blütenständen nicht gewohnt!
Der Botanische Garten wurde 1788 angelegt mit dem Ziel, hier tropische Pflanzen allmählich an ein gemäßigteres Klima zu gewöhnen und später in die Hofgärten

Bild 30 (rechts). Die Bougainvillea (Bougainvillea spectabilis) ist aus den Gärten um Puerto de la Cruz nicht wegzudenken! Wie farbige Vorhänge überzieht die Pflanze Mauern und Balkone. Wie beim Weihnachtsstern sind die eigentlichen Blüten unscheinbar; auffällig sind die leuchtenden Hochblätter.
Bild 31 (rechts außen). Hier umgibt ein „Zaun“ von Feuer-Bignonien (Pyrostegia ignea) eine Bananenplantage. Im Hintergrund mächtige Araucarien.
Bild 32 (rechts unten). Feuer-Bignonien (Pyrostegia ignea) sind Kletterpflanzen mit langen orangefarbenen Röhrenblüten. Oft überziehen sie die Flachdächer der Bungalows. Blütezeit: Dezember bis Februar.

Spaniens zu überführen. Diese Akklimatisation glückte zwar für Teneriffa, doch nicht für Madrid oder Aranjuez. Gleichviel – der Besucher unserer Tage findet auf dem verhältnismäßig kleinen Areal eine Fülle von Pflanzen, die zu betrachten einige Stunden in Anspruch nimmt. Am Eingang sollte man für wenig Geld einen illustrierten deutschsprachigen Führer erwerben, der einem die Orientierung sehr erleichtert. Hier sei nur auf einige Besonderheiten aufmerksam gemacht: Bambusdickicht; *Coussapoa dealbata* (oft als *Ficus dealbata* bezeichnet), ein gewaltiger Baum, dessen Luftwurzeln den Boden erreichen und so ein „Labyrinth“ um den Stamm schaffen; Kolumbianischer Korallenbaum *(Erythrina bogotensis),* der im Winter sein Laub abwirft und dafür leuchtend rote Blütenrispen trägt; Ombu-Baum *(Phytolacca dioica),* der seinen Stamm am unteren Ende plattenartig ausbreitet, so daß man wie auf einer Fußbodenfläche darauf stehen kann. – In dem erwähnten Führer sind über 200 numerierte Pflanzen des Botanischen Gartens aufgeführt und beschrieben.

Spaziergang über die Calle de Belgica zum Hotel Las Aguilas

Ausgangspunkt ist wieder die Palmenallee (Bild 26). Am Ende der Allee schräg rechts in die Calle de Valois, dann der Skizze folgend links steil aufwärts. Von hier ab führt der Weg etwa eine Stunde lang auf wenig befahrener Straße fast stets an Blumengärten vorbei hinauf zum Hotel Las Aguilas. Das Viertel wurde erst in den letzten Jahren angelegt. Es handelt sich um Bungalows und Eigentumswohnungen, in denen sich viele Deutsche einquartiert haben. Von den vielen Pflanzen fallen besonders auf: Bougainvillea *(Bougainvillea spectabilis;* Bild 30) in den verschiedensten Farben zwischen Lachsrot und Tiefviolett; Feuer-Bignonie *(Pyrostegia ignea;* Bilder 31 und 32), eine Kletterpflanze mit leuchtend orangefarbenen Röhrenblüten; Aloe *(Aloe marlothii;* Bild 33) mit den bedornten Blatträndern und den roten Blütenständen; die Papageienblume *(Strelitzia reginae),* die wohl die sonderbarste Blüte zeigt (Bild 34).
Kurz hinter der Poliklinik mündet die schmale Straße auf eine breitere, der wir zunächst nach links folgen. Man kann jedoch hier und auch schon früher rechts abbie-

Bild 33 (links). Viele Aloe-Arten werden in den Gärten kultiviert. Die eindrucksvollen walzenartigen Blütenstände werden auch von Vögeln besucht! Die Spitzen an den Blatträndern wirken zusätzlich dekorativ.
Bild 34 (oben). Strelitzien oder Papageienblumen (Strelitzia reginae) gehören zu den „Wahrzeichen" Teneriffas, und mancher Urlauber nimmt sich einen Strauß mit nach Hause. Man achte darauf, daß die Blüte schon geöffnet ist; Knospen entwickeln sich in der Vase nicht.

gen und kommt dann auf ebenfalls blumengesäumten Wegen über das Hotel Taoro wieder nach Puerto de la Cruz zurück. Sehr interessant ist auch der mit Pflanzenschildern versehene Garten des Hotels Tigaiga (jeden Sonntagvormittag um 11 Uhr: Tanz- und Gesangsvorführungen von Folkloregruppen, Bild 56).
Wendet man sich nach der Poliklinik links, so erreicht man nach wenigen Minuten eine nach rechts führende Neubaustraße (nicht geradeaus über den Barranco gehen). Dieser folgt man bis zum Ende, benutzt rechts einen Treppensteig und gelangt auf die Straße eines weiteren Neubauviertels. Von dort ist der Weg, der in weiten Kurven hinauf zum Hotel Las Aguilas (früher Altavista) führt, nicht schwer zu finden.
Das Hotel wurde in den letzten Jahren auf einem Vulkankegel errichtet, der sich wohl erst im 15. Jahrhundert gebildet haben dürfte. Die Hänge sind noch weitgehend kahl. Der Ausblick vom Hotelgarten auf das Orotava-Tal, Puerto de la Cruz und das Meer ist großartig.
Wer nicht zurücklaufen will, benutzt den Hotelbus oder nimmt ein Taxi.

Spaziergang auf dem „Bananenweg" zum Café Vista Paraiso oder zum Café Humboldtgarten

Während die beiden eben genannten Wanderungen im wesentlichen dic Blumenpracht der Gärten und Parkanlagen erschlossen, führt der „Bananenweg" fast ausschließlich durch Plantagen außerhalb der Stadt Puerto de la Cruz und gehört landschaftlich zu den schönsten Spaziergängen. Bei gemächlichem Gehen ist man in zwei Stunden entweder am Café Vista Paraiso oder am Café Humboldtgarten. Rückfahrt ist in jedem Fall mit dem Linienbus möglich.

Beginnen wir unseren Ausflug wieder an der Palmenallee, so wenden wir uns (siehe Bilder 26 und 35) dieses Mal nach Osten auf die Steilwand zu, die vom Hotel Ikarus überragt wird. Ein schmaler Fußweg schlängelt sich an einer imposanten Felsfassade hinauf. Höhlen, wie sie auf halber Höhe zu sehen sind, dienten früher den Guanchen als Unterkunft. Man beachte die auf den Felsen angesiedelten Säulen-Euphorbien *(Euphorbia canariensis)* mit ihren meterhohen „Kaktuskandelabern" (Bild 36). 1975 wurde der Weg wegen des Baues einer Seilbahn leider gesperrt.

Vom Hotel Ikarus aus genießt man einen schönen Blick auf die Stadt Puerto de la Cruz; die Hochhausviertel sind erst in den letzten 15 Jahren entstanden! Wenige Schritte führen uns zum Hotel La Paz, und hier beginnt die Kennzeichnung des Wanderweges zum Café Vista Paraiso: Doppeldreieck mit gelber Spitze nach Vista

Bild 35 (unten). Spaziergänge in Puerto de la Cruz. Skizze II. Kartenausschnitt siehe Bild 26.
Bild 36 (rechts). Die Felswand unterhalb des Hotels Ikarus im Stadtgebiet von Puerto de la Cruz. Auf den teilweise überhängenden Lavamassen wächst Cardon, die Säulen-Euphorbie.

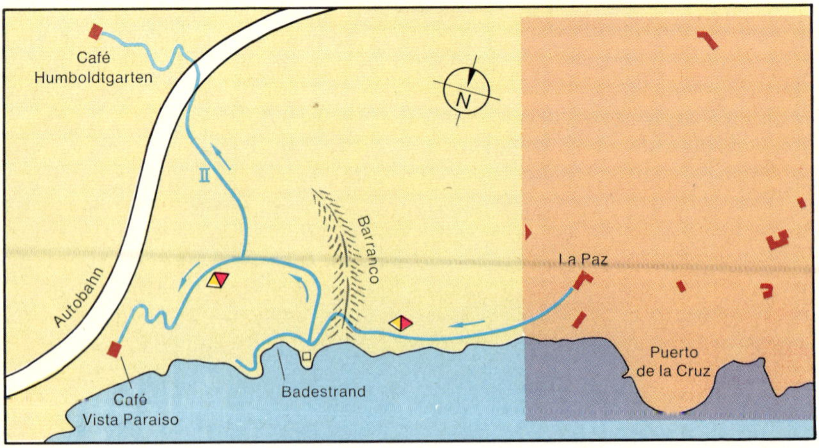

Paraiso, mit roter Spitze nach Puerto de la Cruz (siehe Bild 35). Nach einigen hundert Metern verläßt man die Straße mit den Hotelbauten und gelangt auf einen Weg, der durch die Bananenplantagen führt. Morgens ist der Blick nach links aufs Meer und nach rechts auf die Hänge des Orotava-Tals besonders eindrucksvoll.
Hier haben wir Gelegenheit, die Bananenpflanze näher zu studieren. Die auf Teneriffa kultivierte Art *(Musa cavendishii)* trägt kleinere, dafür aber süßere Früchte, als wir sie bei uns in Deutschland gewohnt sind. Die Staude ist mehrere Meter hoch und bringt nach 12 bis 14 Monaten einen dicken Blüten- und Fruchtstand hervor, der etwa 6 Monate zur Reife benötigt. Dann ist das Büschel 20 bis 40 Kilogramm schwer. Die qualitativ besten Bananen erntet man an der Küste; je höher man an die Vegetationsgrenze von 500 Meter hinaufgeht, desto kleiner werden die Büschel. Früchte, die für den Export bestimmt sind, reifen erst auf der Fahrt ins Bestimmungsland. Die Pflege der Bananenpflanzen erfordert viel Handarbeit: Schädlingsbekämpfung, Schutz vor Windbruch durch Spannen von Drähten, Anlage der Bewässerungsleitungen und Kanäle. Überwachung der Fruchtstände (Bilder 37, 38, 39). Lediglich das Neupflanzen von Bananenstauden erübrigt sich, weil die alte Staude in jedem Jahr von selbst einen jungen Sproß treibt, der nach Beseitigung der „Mutter“ zur nächsten Generation heranwächst. Man sieht daher auf den Plantagen zu jeder Jahreszeit beliebige Stadien der Bananenkultur. Meist wird man auch Männer bei der Ernte antreffen. Die großen Büschel werden abgeschnitten und am

Bild 37 (links). Bananenplantagen sind in den klimatisch trockenen Niederungen (hier im Orotava-Tal) auf künstliche Bewässerung angewiesen. Große Speicherbecken sammeln das Wasser. Im mittleren Teil des Bildes trägt eine Bananenstaude einen fast erntereifen Fruchtstand.
Bild 38 (oben). Hier stehen die Bananenblüten noch an dem später mächtig auswachsenden Büschel.
Bild 39 (oben rechts). Die Blüten sind verschwunden (werden abgeschnitten), und die Bananen reifen heran. Man kappt später auch die von rotvioletten Hüllblättern umgebene Spitze des Büschels.
Bild 40 (rechts). Kanarischer Lavendel (Lavendula canariensis) im Barranco de la Arena am „Bananenweg". Die Pflanze ist endemisch.

Weg zum Abtransport zusammengestellt. Damit sie bei der Fahrt auf dem Lastwagen keine Druckstellen bekommen, wickelt man sie in Decken. In den Bananenpackereien bettet man die Fruchtstände in dicke Lagen von Kiefernnadeln (der Kanarischen Kiefer des Hochlandes) ein, da Stroh als Polstermaterial nicht vorhanden ist. In kräftiges Papier verpackt, treten sie die Reise per Lastwagen nach Santa Cruz und von dort auf den Bananendampfern ins Ausland an.

Bananenplantagen sind in der Anlage sehr teuer und gehören daher meist Großgrundbesitzern. Die Arbeiter wohnen in kleinen Häuschen auf der Pflanzung. Kaninchen und Ziegen verbessern die Lebenshaltung. Als Viehfutter dient das Blattwerk der alten Bananenstauden.

Wir folgen dem gekennzeichneten Weg hinunter in den Barranco de la Arena (Arena = Sand). Diese Schluchten sind botanisch interessant; hier findet man vor allem eine endemische Margeritenart *(Chrysanthemum frutescens)* und den ebenfalls für die Insel typischen Kanarischen Lavendel *(Lavendula canariensis)* mit seinen hoch aufschießenden violettblauen Blütenständen (Bild 40). Beide Pflanzen blühen um die Weihnachtszeit. Der Weg führt aus dem Barranco wieder in die Höhe auf einen Aussichtspunkt neben einem prächtigen Bungalow. Von hier aus kann man einen Abstecher zum Badestrand Playa Arena machen. Wir verlassen den gekennzeichneten Weg, der sich landeinwärts wendet, und wandern weiter an der Küste

Bild 41. Verkehrsverbindungen auf Teneriffa. Kartenausschnitt siehe Bild 48

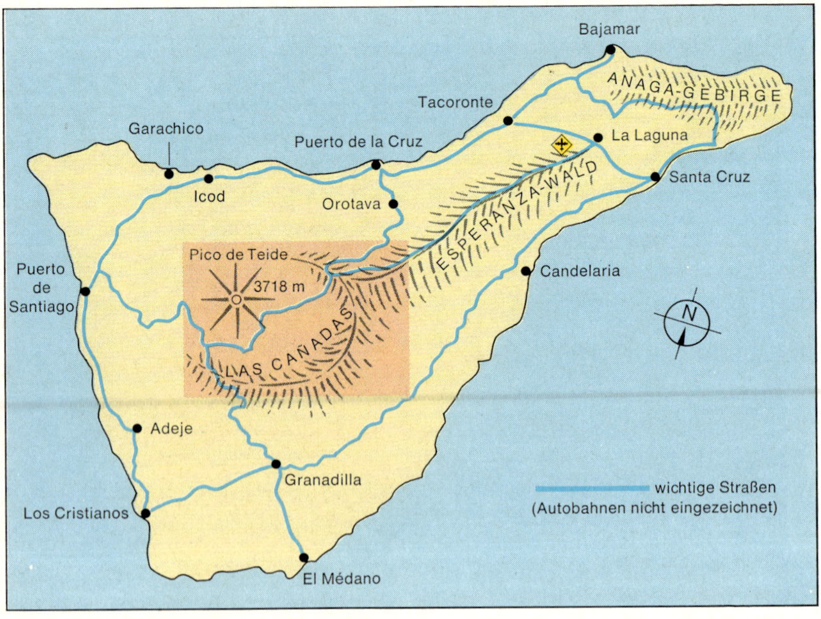

entlang (siehe Bild 35), zum Teil hart am Abgrund. An einem Felsvorsprung (neben einer zinnengekrönten Hausruine) wendet sich der Pfad nach links abwärts zum Badestrand. Wer einen„ Urwald“ von Tamariskensträuchern sehen will, folgt der Mauer der Hausruine noch etwas weiter und kann dann etwa 100 Meter in einem abenteuerlichen Dickicht zwischen Fels und Abgrund wandern! Rückweg wieder auf gleichem Pfad bis zum Bungalow an der gekennzeichneten Strecke, siehe oben. Nun folgt man den Doppeldreiecken weiter durch Plantagen bis zu einer rechtwinkligen Abzweigung, markiert mit II. Hier führt ein Weg zum Café Humboldtgarten oberhalb der Autobahn. Der Blick von dort über das grüne Orotava-Tal wird allgemein gelobt, doch hat er durch die intensive Bautätigkeit der letzten Jahre etwas gelitten. Einmalig dagegen ist die Aussicht vom Café Vista Paraiso, das man nach der Dreiecksmarkierung erreicht. Man schaut von der Höhe hinab auf das Grün des Orotava-Tales, auf die steilen Felsabstürze an der Küste, die am Vormittag ihre schwarzen Schatten auf das tiefblaue Meer werfen (Bild 13). Das sollten Sie nicht versäumen!
Obwohl es noch viele schöne Spaziergänge in und um Puerto de la Cruz gibt, wollen wir jetzt das Orotava-Tal verlassen und die Insel „erobern“. Ich möchte Ihnen Tips für Sehenswürdigkeiten geben, die den Naturfreund interessieren. Damit Sie wissen, wie man am besten an die betreffenden Orte gelangt, folgen wir bestimmten Routen (Bild 41). Jeder kann aber selbstverständlich auch auf eigene Faust und auf kürzeren Wegen das Ziel erreichen.

Das Anaga-Gebirge

Seltsamerweise besuchen nur verhältnismäßig wenig Touristen das Anaga-Gebirge. Das ist um so unverständlicher, als es sich hier um ein Gebiet handelt, das sich geologisch und klimatisch von den übrigen Landschaften auf Teneriffa wesentlich unterscheidet. Geologisch bildet das Anaga-Gebirge gewissermaßen ein vorgeschobenes Bollwerk nach Nordosten in den Atlantik hinein. Ungeheure Basaltmassen türmten sich im Tertiär bis in Höhen von 1000 Meter über dem Meeresspiegel auf und schufen einen Wellenbrecher, in dessen Schutz sich die weiteren vulkanischen Erscheinungen im südwestlichen Teil der Insel ausformen konnten. Jahrmillionen haben an der Abtragung der harten Basaltflächen gearbeitet, und so sind schroffe Grate und Gipfel entstanden, die das Anaga-Gebirge eindeutig kennzeichnen (Bilder 42 und 44).
Klimatisch nimmt das Gebiet ebenfalls eine Sonderstellung ein. Die oft stürmischen Winde des Nordost-Passats treffen voll auf die Klippen und Abhänge, so daß sich hier am frühesten die Bewölkung bemerkbar macht, die später dann auch die Nordküste Teneriffas erreicht. Wer einen vollen Genuß der Landschaft haben möchte, sollte daher schon am zeitigen Vormittag im Gebirge sein! Andernfalls hüllt ihn Ne-

Bild 42. Das Anaga-Gebirge im Nordosten Teneriffas, vom Flugzeug aus gesehen. Trotz der bewegten Oberflächenformen wirkt die Landschaft nicht kahl: Der Niederschlag des Passats sorgt für Pflanzenwuchs.

bel ein. Gerade der feuchte Nebel aber ist es, der die steilen Hänge mit einem ungemein zarten, gleichmäßigen Grün überzieht (Bild 42). Vom Flugzeug aus erscheint das Anaga-Gebirge bei aller Rauhheit der Bergformen doch „wie von grünem Samt überzogen" – man muß es gesehen haben!

Welche Route ist die günstigste? Wer das ganze Gebiet vom Auto aus kennenlernen will, wählt am besten die Rundfahrt Puerto de la Cruz – Tacoronte – Bajamar – Anaga-Gebirge – Santa Cruz – La Laguna – Puerto de la Cruz. Das ist eine Halbtagestour für den Eiligen, eine Tagestour für den, der etwas mehr als nur die großen Aussichtspunkte besuchen will.

Die eindrucksvolle Landschaft spricht für sich. Doch sei auf einige Punkte besonders hingewiesen.

Östlich von Tacoronte öffnet sich der Blick auf grüne Bergketten zum erstenmal. Man beachte die Anlage von Terrassen für den Feldbau. – Kurz vor dem kleinen Ort Valle de Guerra (Tal des Krieges; in Erinnerung an die Kämpfe zwischen Spaniern und Guanchen) sollte man das typische Landhaus Finca de Carta (beschildert) besuchen (Bild 43). Es beherbergt in seinem Inneren Mobiliar und Gerätschaften aus vergangenen Jahrhunderten und ist von einem herrlichen Blumengarten umgeben. – In dem Ort Tejina lohnt ein Abstecher nach Bajamar und noch etwas weiter nach Punta del Hidalgo. Beide Orte sind in den letzten Jahren zu Fremdenverkehrszentren mit großen Hotelbauten und schönen Badeanlagen geworden. Von Tejina aus zieht sich die Straße ostwärts und erreicht bald das eigentliche Anaga-Gebirge. Mit einem Mal umgibt einen der dunkle, feuchte Lorbeerwald (Mercedes-Wald), untermischt mit Baumheide und Kiefer. Einige Aussichtspunkte bieten atemberaubende Szenerien – falls die Passatwolken nicht schon vor uns da sind! Aber selbst dann kann beim Aufreißen des Nebels unvermittelt das Spiel zwischen der Sonne auf lichten Grünflächen und dem tiefen Schatten der Berghänge faszinieren. Bekanntester Punkt ist der Pico del Inglés mit Ausblick auf das ganze Gebirge, die Talfläche von La Laguna mit dem Teide im Hintergrund sowie einen Teil des Hafens von Santa Cruz. – Weiter führt die Straße – fast genau auf dem Grat des Gebirges angelegt – zu einer Abzweigung: links zu dem kleinen Dörfchen Taganana, rechts nach San Andrés und Santa Cruz. Wer Zeit hat, sollte Taganana unbedingt

Bild 43. Finca de Carta, ein typisches Haus der Gegend, bei dem Dörfchen Valle de Guerra. Rechts die Hänge des Anaga-Gebirges.

besuchen. Vor dem Bau der Straße konnte man dorthin bis in neueste Zeit nur zu Fuß gelangen. Daher hat sich manches noch recht Altertümliche erhalten. Allerdings werden auch hier vielleicht schon die nächsten Jahre den Tourismus „einschleppen“, und dann ist es vorbei mit dem Dorado der Wanderer und Naturfreunde.

An der Abzweigung führt die Straße nach rechts in vielen Windungen abwärts zur

Bild 44. Die grünen Hänge des Anaga-Gebirges können nicht darüber hinwegtäuschen, daß sich darunter ein rauhes Basaltrelief verbirgt. Einzelne Säulen ragen aus dem Kamm heraus.

Küste (Bild 44). Der Wald weicht der Vegetation trockener Hänge: Cardon, Valo und Tabaiba treten an seine Stelle. Auf guter Straße geht es dann über San Andrés – Santa Cruz (Bild 45) und La Laguna nach Puerto de la Cruz zurück.

Bild 45 (oben). Ein Blick auf den geschäftigen Hafen von Santa Cruz, der Hauptstadt Teneriffas. Im Hintergrund schieben sich die mittäglichen Passatwolken an den Hängen des Anaga-Gebirges hinauf.
Bild 46 (rechts). Die Straße zieht von La Laguna durch den Esperanza-Wald in die Cañadas. Hier bei Kilometer 11,5 (in 1100 Meter Meereshöhe) wurde eine Wand mit vielen schrägstehenden, verschiedenfarbigen Aschenschichten aufgeschlossen.

Der Esperanza-Wald

Bei dieser Fahrt besuchen wir gewissermaßen das „Rückgrat“ der Insel Teneriffa, den langen Bergkamm zwischen La Laguna und den Cañadas. Das Besondere an dieser Strecke ist, daß man die Straße auch hier – wie im Anaga-Gebirge – fast genau auf dem Kamm gebaut hat. So eröffnen sich immer wieder die herrlichsten Ausblicke nach allen Himmelsrichtungen. Für den, der mit Auto unterwegs ist, bieten sich alle paar Kilometer lohnenswerte Abstecher oder Haltepunkte. Ich benutze als Marken bei meinen Angaben die Kilometersteine der Höhenstraße.
Von Puerto de la Cruz aus schlage ich folgende Rundfahrt vor: Puerto de la Cruz – Tacoronte – La Laguna – Esperanza-Wald – Orotava – Puerto de la Cruz; je nach Zeit eine Tages- oder Halbtagestour.
Interessant wird die Gegend, wenn man La Laguna in Richtung Esperanza-Wald und Las Cañadas verlassen hat. Die Straße zieht dicht am Flugplatz Los Rodeos

Bild 47. Majestätisch erhebt sich der Gipfel des Teide aus der Wolkenschicht, die die unteren Hänge verhüllt.

vorbei, einer vulkanischen Einebnungsfläche. Hinter dem Dorf Esperanza beginnt bald der Wald, hier in reinster Ausbildung als Hochwald mit mächtigen Kanarischen Kiefern, Baumheiden und Büschen. Bei Kilometer 10 (nicht weit vom Platz „Las Raices“, wo Franco 1936 den Aufstand begann) stehen wohl die schönsten Exemplare. Immer wieder hat der Straßenbau die verschiedenfarbigen Lava- und Tuffschichten angeschnitten (zum Beispiel am Kilometer 11,5; Bild 46). Falls der Nebel nicht die Sicht nimmt, lohnt sich bei Kilometer 13 ein Abstecher zum Panoramablick Pico de las Flores (Blumengipfel): Anaga-Gebirge, La Laguna, das Meer, im Osten weit draußen die Insel Gran Canaria, im Westen La Palma. Absolute Ruhe und der harzige Duft dieses Waldes umgibt einen. Auch wenn die Passatwolken uns einen Strich durch die Rechnung zu machen scheinen: Die Straße klettert höher, und im allgemeinen bricht in Höhen über 1800 Meter die Nebeldecke auf – der Teide liegt vor uns! Bei Kilometer 28 und 29 sollte man unbedingt das einmalige Schauspiel auf sich wirken lassen (Bild 47): Der Teidegipfel steigt majestätisch über einer horizontal liegenden weißen Wolkenschicht auf, einer Schicht, die wir nun stets unter uns ausgebreitet sehen! Vulkankegel heben sich schwarz von diesem Weiß ab, und in der Tiefe am Meer erkennt man gerade noch die einzelnen Ortschaften.

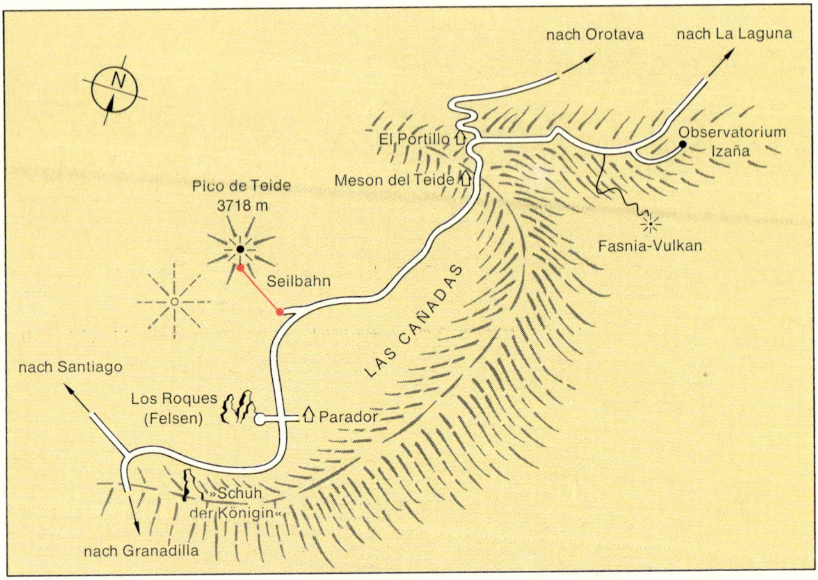
N
nach Orotava
nach La Laguna
El Portillo
Observatorium
Izaña
Meson del Teide
Pico de Teide
3718 m
Fasnia-Vulkan
Seilbahn
LAS CAÑADAS
nach Santiago
Los Roques
(Felsen)
Parador
»Schuh
der Königin«
nach Granadilla

Dann bleibt der Wald zurück und die fast vegetationslosen Hochflächen beginnen. Den großartigsten Anschnitt vulkanischer Schichten findet man bei Kilometer 31,8, wo weiße, bräunliche und schwarze „Bänder" haushoch übereinanderliegen (Bild 24).

Bei Kilometer 37,4 zweigt links eine Straße zum Observatorium Izaña in 2367 Meter Höhe ab. Ein Abstecher lohnt wegen des großartigen Blickes auf weite Teile der Insel (Bild 48).

Ein Tip für ungebundene „Vulkanologen" mit eigenem Auto: Besuchen Sie den schwarzen Vulkan Fasnia! Der Berg wurde aus tiefdunkler Lava mitten in einer hellbraunen Hochebene aufgeworfen, und zwar erst im Jahre 1605 (siehe Bilder 48 und 49). Wie gelangt man dahin?

Bei Kilometer 38 zieht sich ein staubiger Feldweg nach links (südlich) in das eintönige Graubraun der Hochfläche hinein. Falls kein Verbotsschild dies verbietet (ich hatte Glück!), fährt man etwa 6 Kilometer den Spuren nach, die Lastautos beim Transport von Bimssteinschotter hinterlassen haben. Man kann natürlich auch zu

Bild 48 (links). Der zentrale Teil Teneriffas (Ausschnitt aus Bild 41).
Bild 49 (unten). Ein Ausläufer des Fasnia-Vulkans (2220 m) wirkt recht „bescheiden", doch beachte man die Dimensionen: Der weiße Punkt an der linken Bildseite ist mein Auto! Die pechschwarzen Auswurfmassen stehen in starkem Kontrast zu der braunen Umgebung aus Bimsstein und Tuffen. Die grünen Büsche im Hintergrund sind Kanarischer Ginster.

Bild 50. Blick aus etwa 3600 Meter Höhe vom Abhang des Teide-Gipfels auf die Bergstation der Seilbahn und in die Cañadas. Hinter den Randbergen im Mittelgrund liegt das Meer.

Fuß gehen. Der schwarze Vulkankegel taucht schon bald auf und gibt die Richtung an. Die Besteigung des Kraters von der Basis aus ist eine Sache von zehn Minuten. Das schwarze Basaltgestein wirkt schaumig und erinnert an eine Halde Koks! Keine Pflanze hat darauf ihr Auskommen finden können. Eine Mondlandschaft in absoluter Einsamkeit und Stille . . .

Auf die Höhenstraße zurückgekehrt, geht die Fahrt abwärts zum Rand der Cañadas mit dem Restaurant El Portillo. Ich möchte raten, den Besuch der Cañadas selbst nicht in diese Rundfahrt einzubeziehen, sondern dieser einmaligen Landschaft und dem Teide einen ganzen Tag zu widmen. Die Route nach Orotava und Puerto de la Cruz bietet im übrigen dem Naturfreund noch viel Interessantes, durchzieht sie doch die schon geschilderten Vegetationszonen von 2000 Meter Höhe bis auf Meeresniveau! Bei Kilome-

ter 22,5 dieser Straße sei auf eine kleine geologische Kuriosität hingewiesen, auf die sogenannte Basaltrose. Unmittelbar neben der Fahrbahn bilden Basaltsäulen von einem Zentrum aus radiale Ausläufer, die an die Blütenblätter einer Blume erinnern. Die ganze „Blume" hat einen Durchmesser von mehreren Metern. Offenbar kristallisierte der Basalt hier in einer kegelartigen Vorwölbung unter der Oberfläche

Bild 51. Auf dem Gipfel des Teide (3718 m). Im Winter trägt der Berg meist eine Schneekappe. Die farbigen Tuffgesteine im Vordergrund sind sehr locker und zum Teil mit einer Schwefelkruste überzogen.

aus und wurde später durch die Erosion angeschnitten. Da die Säulen sich stets senkrecht zur Erstarrungsschicht kristallisieren, ergab sich dabei das seltsame Bild.

Las Cañadas und der Teide

Jetzt fahren wir ins „Herz“ Teneriffas, in den Caldera-Kessel der Cañadas mit dem geologisch jungen Teide-Gipfel. Das Wichtigste über die Entstehung dieser sonderbaren Landschaft wurde ja schon im Abschnitt Vulkanismus gesagt. Hier sei nur auf besondere Sehenswürdigkeiten hingewiesen.

Die Auffahrt von Puerto de la Cruz erfolgt über Orotava. Beim Restaurant El Portillo folgen wir nun der Straße nach Süden in die „Landschaft des Ersten Tages“. Von den Randbergen umschlossen, erhalten die Cañadas kaum Niederschlag. Da Wasser zudem in dem lockeren Tuff und Bimssteingrus sofort versickert, bedarf es schon der Zähigkeit des Kanarischen Ginsters, um sich hier zu behaupten (Bilder 24 und 49). Tatsächlich sind die graugrünen Büsche fast die einzigen Zeugen von Leben in dieser Höhe. Im übrigen wechseln braune Schotterflächen mit braunen oder schwarzen Lavaströmen und Obsidianfelsen (diese vor allem bei Kilometer 36,3).

Wir fahren bis Kilometer 42 und biegen rechts ab zur Talstation der Seilbahn auf den Teide. Wenn man bedenkt, daß schon die „Talstation“ in 2300 Meter Höhe liegt und einen die Kabine auf 3550 Meter hinaufträgt, so kann man ahnen, welch herrlicher Blick über die Cañadas, die weißen Passatwolken und das blaue Meer einen erwartet. Freilich muß man ein wenig Glück haben. Die Bahn stellt ihren Betrieb bei Windgeschwindigkeiten von mehr als 50 Kilometern pro Stunde ein (Bild 50).

Oben angekommen, sollten sich Ältere an dem herrlichen Panorama erfreuen und nicht ihren Ehrgeiz in das Besteigen des absolut höchsten Gipfels (Bild 51) setzen. Der schnelle Übergang vom Luftdruck in Meeresniveau auf die Druckverhältnisse in 3550 Meter Höhe ist nicht jedermanns Sache, wenn man daran noch eine anstrengende „Kraxelei“ über weitere 160 Höhenmeter anschließt! Erfahrene Bergsteiger lachen keineswegs über diese scheinbar „ängstliche“ Feststellung. Wer packt schon den Großglocknergipfel, wenn er bis zur Adlerhütte mit dem Hubschrauber geflogen ist?

Sind Sie kräftig genug, nun, dann folgen Sie mir bitte. Bergstiefel wären jetzt das richtige, denn der lockere Bimssteinschotter läßt uns bis über die Knöchel einsinken. Sonnenöl nicht vergessen! Ein wenig „außer Puste“ erreichen wir den Rand des Gipfels. Weißbraunes Tuffgestein leuchtet in der Sonne. Es zerbröckelt zwischen den Fingern: Vulkanische Dämpfe zermürben das Gefüge. Etwa 60 Meter Durchmesser und 40 Meter Tiefe weist der kleine Krater auf – darüber nur blauer Himmel. Der Grund ist stellenweise heiß, Wasserdampf zischt aus Spalten, und Schwefel

Bild 52 (rechts). Der markanteste Felsen im Gebiet der „Roques“ in den Cañadas (siehe auch Bild 1). Man erkennt deutlich die verschiedenartige Schichtung. Die weicheren rötlichen Lagen im unteren Teil sind von Wind und Sand abgeschliffen (äolische Korrosion).

setzt sich in glitzernden Kristallen ab. Unser Blick aber geht über die ganze Insel und weit hinaus aufs Meer. Wie unvollkommen vermag doch ein Foto diesen Eindruck wiederzugeben!

Die Seilbahn bringt uns wieder hinunter in die Cañadas. Dort warten noch viele touristische Attraktionen auf uns. Machen wir zunächst einmal Rast im Parador beim Kilometer 46,3. Der Spanienkenner weiß, daß ein Parador ganz allgemein ein staatliches Hotel ist. Hier finden Sie eines mitten in den Cañadas! Sie können also bei genügend Eigeninitiative beliebig lange im Hochland wohnen und die fremdartige Umgebung auf sich wirken lassen. Die Preise sind durchaus nicht überhöht, und der Komfort ist gut. Sogar ein Schwimmbad (2250 Meter über dem Meer) steht zu Ihrer Verfügung.

Den Naturfreund aber zieht es in die Felsenlandschaft „Los Roques", wenige hundert Meter vom Rasthaus entfernt (Bild 52). Da türmen sich haushohe Gesteinsmassen, unterteilt in farbige Schichten. Die Geologie nimmt an, daß es sich hierbei um vulkanische Härtlinge handelt, die durch die Verwitterung herauspräpariert wurden. Die abenteuerlichste Form bildet ein Felsen von etwa 20 Meter Höhe, den der Wind in seinem unteren Teil stark abgeschliffen hat, so daß ein mächtiger „Kopf" auf einem schlanken „Hals" sitzt. Kanarischer Ginster und Kiefern lockern das Bild auf.

Wir setzen die Fahrt fort und sollten bei Kilometer 50,6 unbedingt noch einmal anhalten: Der „Schuh der Königin" (Zapato de la Reina) wartet auf uns, ein skurril geformtes Felsgebilde etwa 100 Meter links von der Straße (Bild 53).

Bei Kilometer 53 gabelt sich die Fahrbahn (Bild 48). Geradeaus gelangen wir über den Rand der Cañadas hinaus in den trockenen Süden der Insel, nach Vilaflor, Granadilla und schließlich an die Küste nach El Médano, dem Paradies der sonnenhungrigen Badegäste. So schön diese Strecke auch ist, ich möchte doch raten, lieber die Abzweigung nach rechts zu benutzen und den Teide gewissermaßen zu umrunden. Diese zunächst kerzengerade Straße mündet schließlich oberhalb von Puerto de Santiago wieder auf die Verbindung nach Icod und Puerto de la Cruz. Dieses Umrunden des Vulkans bringt uns noch einmal in engsten Kontakt mit neueren Lavaströmen: Wir überqueren viele Kilometer lang die chaotisch wilden Felsmassen eines Ausbruchs, der im Jahre 1798 die Flanke des Berges überzog. Wieder vermitteln Anschnitte beim Straßenbau ein lebendiges Bild von der Mannigfaltigkeit vulkanischen Auswurfmaterials. Ganz allmählich erobern dann die Kiefern wieder die kahlen Hänge, und an manchen Stellen kann man sehen, mit wieviel Mühe die spanische Forstverwaltung hier um die Rekultivierung des Waldes kämpft. Boden wird

Bild 53 (rechts). Der „Schuh der Königin", ein bizarres Felsgebilde am südlichen Rand der Cañadas. Ein Lavafluß wurde durch die Verwitterung regelrecht durchbrochen.

herangeholt, man setzt die Bäumchen ein und schützt sie durch ringsum gelegte Steine vor Sonneneinstrahlung und Kaninchenverbiß.
Wir kehren über Icod nach Puerto de la Cruz zurück (Bild 41). Dieser Teil der Strecke sei unter der nächsten Überschrift erläutert.

Die große Inselrundfahrt

Um es gleich zu sagen: Die von den Reisegesellschaften für rund 20 DM angebotene große Inselrundfahrt ist gewiß recht informativ und zeigt den Gegensatz zwischen Nord und Süd sehr deutlich, aber sie kann dem Naturfreund kaum mehr als

Bild 54. Garachico – heute. 1705 verschüttete der Lavastrom, der im dunklen Vordergrund rechts sichtbar ist, fast den ganzen Ort.

einige Anregungen geben. Man opfert am Strand von Puerto de Santiago 2½ Stunden Zeit für die Badelustigen, braust dann aber von Los Cristianos bis Santa Cruz im Eiltempo über die Südautobahn. Das soll kein Vorwurf sein, nur eine Feststellung. Der Naturfreund muß sich eben wieder selbständig machen. Wir folgen in diesem Abschnitt generell der Route der Reisebusse, bringen aber Ergänzungen für weniger Eilige an. Wichtige Stationen sind: Puerto de la Cruz – Icod – Puerto de

Bild 55 (links). Erdaushub in einer Talniederung bei Erjos. Guter Boden ist auf der Insel so kostbar, daß er von Lastwagen zu den Kultivierungsflächen gefahren wird. Ohne diesen Transport wäre vielerorts weder der Anbau der Bananen noch die Aufforstung möglich. Man beachte die Terrassierung der Berghänge!

Santiago – Adeje – Los Cristianos – Granadilla – Santa Cruz – La Laguna – Tacoronte – Puerto de la Cruz (Bild 41).

Für die Fahrt von Puerto de la Cruz nach Icod kann man grundsätzlich zwei Straßen benutzen. Die eine verläuft in Küstennähe und ist landschaftlich sehr reizvoll wegen der unterschiedlichen Wirtschaftsformen, dem steten Wechsel zwischen Höhenrücken und tief eingeschnittenen Barrancos und den weiten Ausblicken über die Steilküste aufs Meer. Die Höhenstraße über La Guancha bleibt schmaler und kurvenreicher, so daß man ihr nur „zur Abwechslung" den Vorzug geben sollte.

Bei Icod versteht man, warum der vollständige Name dieses Städtchens „Icod de Los Vinos" lautet: Ringsum gedeiht ein vorzüglicher Wein. Touristisch obligatorisch ist der Besuch des mächtigen Drachenbaumes *(Dracaena draco)* vor der Pfarrkirche. Tatsächlich dürfte dies das prächtigste Exemplar auf der Insel sein: Höhe 50 Meter, Stammumfang 18 Meter! Hinsichtlich des Alters sind sich die Experten nicht einig. Die Schätzungen liegen zwischen 1000 und 3000 Jahren. Wie dem aber auch sei, man kann sich kaum einen kurioseren Baum vorstellen als dieses Liliengewächs (Bilder 19 und 20).

Die Straße nach Puerto de Santiago führt nun bergan, und bald kreuzen wir den urweltlich rauhen Lavastrom, der im Jahre 1705 den Ort Garachico an der Küste verschüttete. Ein Blick von der Höhe am frühen Morgen, wenn die Sonne noch lange Schatten wirft, läßt den Schrecken dieses Unglücks vergangener Tage ahnen (Bild 54). Von der Ortschaft El Tanque an begleitet uns nun auch stets das Bild des mächtigen Teide-Gipfels. Für Wanderer erschließt sich hier das alte Basaltgebirge Teno.

Bald umgibt uns rings Baumheide, Wacholder und Tamariske. Auf der Höhe von Erjos beachte man rechts der Straße den großflächigen Erdaushub (Bild 55). Der rotbraune Boden wird auf Lastwagen abgefahren und dient zur Kultivierung der Bananenplantagen. So kostbar ist auf der vulkanischen Insel ein gutes Verwitterungsmaterial! Dann senkt sich die Straße nach Puerto de Santiago hinab, und das Landschaftsbild ändert sich grundlegend: Der trockene Süden beginnt. Wein, Mandeln, Weizen, Feigen, Kartoffeln und Tomaten werden vornehmlich geerntet.

Von Puerto de Santiago an fallen immer wieder die neu angelegten Touristenzentren auf, die den Sonnenschein des Südens nutzen. Sie wirken mit ihren Hotelkomplexen und Gartenanlagen fremdartig in der ausgedörrten Umgebung, haben aber für die Erschließung des Landes große Bedeutung. Wir nennen hier als Beispiele Playa de Santiago, Playa de San Juan, Playa de las Américas, Los Cristianos, Palm-Mar, Ten-Bel und El Médano. Für den Naturfreund bieten sie nichts Nennenswertes. Allenfalls Tauchsportler kommen auf ihre Kosten. Am besten erkundigen sich Interessenten bei der Tauchschule am Schwimmbad San Telmo in Puerto de la Cruz. Wer zum Haifischfang hinausfahren möchte, kann das in Los Cristianos tun.

Für aufmerksame Beobachter noch eine Besonderheit: Zwischen Puerto de Santiago und Adeje findet man zahlreiche Gärtnereien, die sich auf die Zucht von Chrysanthemen spezialisiert haben. Die Blumen werden in Glas- oder Plastikhäusern gezogen und nachts mit Glühbirnen beleuchtet, wodurch sie schneller zum Blühen kommen.

Wer sich in Adeje etwas Zeit gönnen kann, sollte es nicht versäumen, den Barranco del Infierno („Höllenschlucht") zu besuchen. Dieser Barranco gehört zu den tiefsten Erosionsrinnen, die Teneriffa aufzuweisen hat. Den Wagen parkt man oberhalb der Kirche an der Tomatenpackerei Casa Fuerte. Von hier geht man zu Fuß bis zum Anfang der Schlucht etwa ½ Stunde bergan, bis zum Ende der Schlucht etwa zwei Stunden. Der Pfad ist zum Teil schmal, Vorsicht! Das fließende Wasser hat die

Schichten an den Steilwänden gut aufgeschlossen. Die Vegetation entspricht der Trockenheit der Landschaft (Säulen-Euphorbien, Tabaiba), die auch die künstlichen Bewässerungsanlagen nicht aufheben können. Die Schlucht verengt sich schließlich klammartig und endet in einem imposanten Wasserfall.
Seit wenigen Jahren verbindet eine Autobahn Los Cristianos mit Santa Cruz. So wichtig diese Schnellstraße auch für die Touristik des südlichen Teils der Insel sein mag, wir sollten sie dennoch nicht benutzen. Viel reizvoller ist die Strecke über Granadilla nach Santa Cruz. Man darf es allerdings nicht eilig haben. Die Straße ist windungsreich und zum Teil eng. Worin der eigentliche Reiz dieser Route liegt, läßt sich schlecht in Worte fassen. Wirklich Sehenswertes, Aufzählbares ist nämlich kaum zu finden. Vielleicht sind es die ständig wechselnden Bilder der Küste, die sich an jeder Kurve dem Auge neu darbieten. Die Barrancos werden nämlich nicht von Brücken überspannt, sondern umfahren. Versuchen Sie es einmal! Für die Heimfahrt von Santa Cruz über La Laguna und Tacoronte nach Puerto de la Cruz sollten Sie noch eine gute Stunde einplanen (Bild 41).

Was ich noch sagen wollte . . .

Wir sind am Ende unseres kleinen Streifzugs durch Teneriffa. Nur eine Handvoll Tips konnte ich Ihnen geben, und doch wäre noch soviel Interessantes zu berichten. Die wenigen Seiten lassen dies nicht zu. Wie steht es zum Beispiel mit der Tierwelt auf der Insel? Zunächst eine angenehme Nachricht: Giftige Insekten oder Schlangen haben den Weg auf die „Insel der Glückseligen“ nicht gefunden. Hier droht keine Gefahr. Einige Eidechsen- und Froscharten sind zu finden, fallen aber wenig auf. Schmetterlinge sind stellenweise häufig, vor allem der Kanarische Admiral *(Pyrameis vulcanica),* der endemisch ist. Berühmtheit hat die größte Art erlangt, *Danaus plexippus* oder „Monarch“, die eine Spannweite von über neun Zentimetern erreicht, Die Raupe lebt auf einer bestimmten Nahrungspflanze, der Seidenpflanze *(Asclepias curassavica).* Von der Vogelwelt erwartet man gewiß einen Hinweis auf die Kanarienvögel – aber da muß ich Sie enttäuschen. Die „echten“ farbenprächtigen, schön singenden Exemplare sitzen in den Käfigen vor den Fenstern und kommen aus Deutschland! Was sich auf Teneriffa in den Gassen als Kanarienvögel herumtreibt, ist unansehnlich und wirklich schlecht bei Stimme. Was doch Zucht und Dressur ausmachen!

Aber wenn ich auch noch viele Seiten zur Verfügung hätte, es würde mir doch mit Wort und Bild nicht gelingen, Ihnen eine Vorstellung von der wahren Schönheit Teneriffas zu vermitteln. Sie müssen die Insel selbst besuchen. Wer es „ernst“ meint, der greife zu folgender Literatur:

Luis Diego Cuscoy, Peder C. Larsen: Das Buch von Teneriffa. Santa Cruz de Tenerife (Eine brauchbare Einführung in die Welt der Insel. Bestellungen richte man an Ediciones Izaña, Apartado 366, Santa Cruz de Tenerife).

Hubert Möller: Der Neue Teneriffa-Führer. 3. Auflage 1972. Bambi-Verlag Puerto de la Cruz (Für eingehende Erkundung der Insel unentbehrlich).

Hubert Möller: Erlebte Kanarische Pflanzenwelt. Die 5 empfehlenswertesten Spaziergänge in nächster Nähe von Puerto de la Cruz. Bambi-Verlag Puerto de la Cruz (Sehr genaue Beschreibungen).

Hubert Möller: Kanarische Pflanzenwelt. Band I und II. Bambi-Verlag Puerto de la Cruz (Hunderte von Farbfotos mit eingehenden Erläuterungen; für Freunde der Botanik unentbehrlich).

Bild 56 (links). Farbenfroh ist die Kleidung der Trachtengruppen, die für die Besucher Teneriffas die heimischen Malagueñas und Folias spielen und tanzen. Hier drei Mädchen aus Icod.

Hubert Möller: Teneriffa Wunderwelt. Bambi-Verlag Puerto de la Cruz (254 Farbfotos, 7 Karten und Pläne).

Hans Lajta: Polyglott-Reiseführer Teneriffa. Polyglott-Verlag München (Als erste Einführung gut geeignet).

Martin Schwarzbach: Berühmte Stätten geologischer Forschung. Wissenschaftliche Verlagsgesellschaft Stuttgart (Hierin das Kapitel über Teneriffa auf den Seiten 191 – 206; fachlich fundiert).

Hans Sponholz: Teneriffas schönster Schmetterling bedroht. Kosmos **65,** Heft 9, S. 382, 1969 (Danaus plexippus).

Hans-Heinrich Vogt: Teneriffa. Kosmos **65,** Heft 2, S. 61 – 64, 1969 (Bericht mit Farbbildern).

Generalkarte Tenerife. Mairs Geographischer Verlag Stuttgart. Maßstab 1 : 150 000 (Für genaue Kenntnis der Insel unentbehrlich).

Die Veröffentlichungen deutscher Verlage sind leicht zu erreichen. Literatur spanischer Verlage kauft man zweckmäßig in Buchhandlungen auf Teneriffa oder am Kiosk beim Bad San Telmo in Puerto de la Cruz.

Sachregister

Reiseführer für Naturfreunde

Die Schwäbische Alb in Farbe
Von Gerhard Ballenberger und Eduard Haas

Die Schwäbische Alb ist ein Dorado der Naturfreunde: Hier findet man seltene Pflanzen, Versteinerungen aus dem Jurameer, zahlreiche geologische Aufschlüsse, kilometerlange Tropfsteinhöhlen, erloschene Vulkane u. v. m.
112 prächtige Farbfotos und ausführliche Texte geben einen überzeugenden Überblick über eine Landschaft, die von vielen fälschlicherweise als „rauhe Alb" bezeichnet wird.
72 Seiten, 112 Farbfotos, 1 geologische Karte, 1 Straßenkarte. Kart.

Der Schwarzwald in Farbe
Von Walter Gruber

Der Schwarzwald bietet dem Naturfreund mehr als nur landschaftliche Schönheit. Ganz verschiedene Pflanzengemeinschaften leben hier dicht beieinander, unterschiedliche geologische Formationen wechseln sich ab, Flachland und fast alpine Bereiche sind nur wenige Kilometer voneinander entfernt. Der Autor stellt in diesem Band die Besonderheiten dieser Landschaft und ihrer Randgebiete – Kaiserstuhl, Oberrheintal und Wutachschlucht – vor.
72 Seiten mit 120 Farbfotos und einer Karte der Naturschutzgebiete. Kart.

Das bayerische Voralpenland
Von Frieder Sauer

Moore und Seen, Weiden und Wälder kennzeichnen die Landschaft der Voralpen – eine Landschaft, die dem Wanderer und Naturfreund auch heute noch viele Reste unberührter Natur zeigen kann. Frieder Sauer stellt sie vor.
72 Seiten mit 116 Farbfotos und 24 Kartenskizzen. Kart.

Die Allgäuer Alpen in Farbe
Von Klaus-Dieter Körber

Zwischen Lech und Bodensee erstrecken sich die Allgäuer Alpen, ein klassisches Urlaubs- und Wandergebiet. Ein Gebiet, reich an Pflanzen und Tieren und besonders attraktiv für jeden geologisch Interessierten.
72 Seiten mit 120 Farbfotos und 25 Kartenskizzen. Kart.

Die Eifel in Farbe
Von Frieder Sauer

Vulkankegel und Maare, wellige Hochflächen, tiefeingeschnittene Kerbtäler – das ist die Eifel. Hier findet man in den verschiedenen Klimazonen – von der feuchten und kühlen Nordeifel bis zur warmen und trockenen Südeifel – seltene Pflanzen und Tiere, bemerkenswerte Mineralien und Fossilien.
72 Seiten mit 117 Farbfotos und 23 Kartenskizzen. Kart.

Erhältlich in jeder Buchhandlung

Kosmos-Verlag, 7000 Stuttgart 1, Postfach 640